垃圾 历史书

一本从猛犸象时代开始讲述的垃圾历史书，
一次让人叹为观止的垃圾发现之旅！

[意]麦克·马瑟里 著　王金霄 文铮 译

北京联合出版公司
Beijing United Publishing Co.,Ltd.

这是世界以前的样子……

怎么会变成这样呢？

目录

咣叽！

咣叽！

垃圾的循环

很久以前，太空发生了一次爆炸，许多美丽的星体碎片落到了银河里，其中一片就是地球。

在地球上，每种生物都会产生废弃物，智慧的大自然把这些废弃物进行循环，从而创造出新的生命，这就是生态平衡的规律。这个规律统治着地球，适用于所有的生物。我们甚至可以说，地球本身就是一个"废弃物"。

如果没有废弃物的循环，地球上就不会有生命。比如，动物靠吸入氧气生存，而氧气恰恰是植物产生的一种废弃物；反过来，植物又靠动物呼出的二氧化碳生存、成长，它们吸收养分，然后再产生新的氧气。

废弃物的循环还是食物链形成的基础：动物吃植物，也吃其他动物，吃完后它们把消化不了的东西排出体外。我们会在这本书里经常提到它们排出来的这种废弃物。为了让大家读得舒服点儿，我们会用它的科学名称"有机垃圾"，但它其实就是——屎，也就是粪便。不过动物的屎非常有用，可以给土地施肥、

滋养植物，而植物又会让动物填饱肚子，免于挨饿……

总之，废弃物的循环就像一个愉快的转圈游戏！

但也可能出现这样一种情况：一个物种繁殖得太快，产生的废弃物太多了，就算其他生物拼尽全力也吸收不完。这些废弃物不仅会妨碍其他生物的生长，还会抑制这个物种自身的繁殖。比如在一个湖泊里，如果一种藻类繁殖得太快，产生的废弃物太多，那这些废弃物就会毒害湖里的其他生物，从而导致生态失衡。

这种失衡会让原本有用的废弃物变成有毒的垃圾。这就跟曾经在地球上发生过的事情是一个道理：

早期人类——智人飞快地繁衍后代，与此同时，他们利用自然资源的能力越来越强，欲望越来越大，对生活品质的要求越来越高，于是开始制造大量的垃圾，而大自然并没有做好给他们擦屁股的准备（不好意思，这里一定要用"擦屁股"）！

随着时间的流逝，情况不断恶化，人类社会越"文明"，产生的垃圾就越多。

不过还好，人们逐渐意识到了垃圾问题，并且在着手解决：从远古时期到现在，从第一条下水道的发明到最新式的垃圾循环处理系统，人类的历史就是垃圾的历史，也是人类如何面对垃圾问题的历史。

这段历史真臭！

为了更好地了解这段历史，了解在不同历史时期人类是怎么造成垃圾问题的，又是怎么运用聪明才智解决这一问题的，我们请到了毛利斯博士和他忠实的猎犬卢比。

毛利斯博士是这个领域最权威的生态学家，而卢比能嗅到从古至今所有垃圾的气味，他们俩将带领我们踏上探寻垃圾历史的旅途。

古代的垃圾

从克里特岛的黑井到古罗马的大下水道，途经雅典的垃圾场，这可不是一次轻松的散步！

中世纪的垃圾

中世纪的隧道幽暗、阴森，让人不寒而栗，但我们并不孤独。你看，还有老鼠、猪、病菌陪着我们呢！

近代的垃圾

有机垃圾布满了街道，但它们的臭味已经渐渐变淡了……好吧，大概是因为工业革命产生的雾霾把垃圾盖住了！

当代的垃圾

垃圾处理终于开始奏效了，但垃圾实在是太多了！该怎么解决这个问题呢？模仿大自然进行废弃物循环，还是把垃圾藏到太空去？

我们不想提前透露太多，只是先简单地介绍一点儿。现在让我们从头开始这段旅程吧！注意脚下，这段历史可是又脏又臭！可能还没开始走，你就跟毛利斯博士一样踩到脏东西了！

古代的垃圾

原始人一生忙于两件事：寻找食物和从捕食者的魔爪中逃跑。所以，他们实在没有时间发明文字，那段历史也就没有文字记载。要想知道人类在石器时代是怎么生活的，需要考古学的帮忙。我们现在掌握的信息都是从出土文物中推断、分析出来的，这些文物包括古老的岩画、原始人的遗骨、动物的皮毛和甲壳、原始武器、原始工具等。

停下！是我先看到的！

这可都是活生生的教科书啊！

真有趣！

但对于考古学家、古生物学家、人类学家和其他各种研究远古人类的科学家来说，最幸福、最幸运的事情莫过于发现一堆古时候的垃圾了！因为一堆古代垃圾就像是一本书，他们可以从中读出我们祖先的历史。

★ 有一些史前垃圾，虽然本身是可降解的，但是因为聚集在一起，所以一直保存到现在。比如，几年前北欧考古学家发现了一个垃圾堆，里面都是软体动物的壳。这个垃圾堆长320米、宽65米、高8米，竟然能从新石器时代（公元前5000—公元前2000年）一直保存至今。这对科研工作者来说真是一件丰厚的战利品！

考古研究结果告诉我们，原始人生活在小型的家庭部落里。为了打猎获取食物，他们要经常搬家。在搬家的路上他们会留下一点儿垃圾，一般是他们吃剩的食物，有时还会有一些动物的皮毛和磨损得不能再使用了的工具。绝大多数废弃物都会很快回归到大自然中，但有些大骨头实在太难被分解了，而且又不会有清洁工来将它们清理掉，所以它们便一直留在原始人生活过的山洞外，"炫耀"着自己的风采。

城市垃圾

没过多久，人类开始意识到每天追逐猎物实在是太辛苦了，于是他们便开始修建村庄、建筑防御设施、开荒种地和饲养家禽。生活开始变得舒适、安全起来。渐渐地，这些村庄变成了城市。

早在公元前1000年，神秘的巴比伦王国的居民人口数就超过了100万，比今天的伦敦人口还要多。你能想象，100多万人将产生多少垃圾吗？

如果有一天，某位学者研究发现著名的巴比伦塔其实是一个巨大的垃圾桶，那也没有什么好惊讶的。

对一个如此庞大的人类社会来说，当务之急是从每天成吨的有机垃圾中脱身。没错，我们说的还是它——屎！要解决这个问题，古巴比伦王国的居民肯定不能指望上天下一场暴雨把垃圾都冲走，于是便把目光投向了脚下的土地。

生活在底格里斯河和幼发拉底河中间的亚述人和巴比伦人智慧地建造了一系列水渠，把洁净的水运往城市，同时还修建了下水道系统，把粪便和居民的生活垃圾运走……至少是那些家里有下水道的住户。

我跟你说过了，让你注意脚下！

除了把粪便运到城外，还有另一件急需解决的事情，那就是处理固体垃圾，比如制作手工艺品产生的垃圾。人类第一次提出了这些问题：到底怎么处理这些固体垃圾？又要到哪里去处理它呢？

★ 考古学家发现了第一批公共垃圾场，其中最古老的垃圾场位于克里特岛上的克诺索斯。公元前3000年左右，克里特人挖了一口很大的井，他们把垃圾一层一层地装进去，然后在上面铺上泥土。这种处理垃圾的办法很粗糙，但是直到今天仍在使用。没过几年，克里特人就挖了300多口井，也许是因为在克里特岛挖井很容易吧！

哦，哦？！

克诺索斯

你至少等我挖完再往下倒垃圾好吗！

★ 遍布垃圾井的克里特岛就像个漏勺。直到今天人们仍然心存疑惑，如此辉煌的克里特文明为何会消失得不留痕迹呢？

你难道没有想过，克里特岛也许已经沉在垃圾堆里了吗？

帕特农神庙下的垃圾

提起古希腊，你们的脑海里会浮现出什么？是阿卡迪亚神话里的世外桃源，是云集众神的奥林匹斯山，还是柏拉图的理想国？总之你们肯定会觉得古希腊的城市又整洁又美丽。

忘掉这些吧！公元前500年伯里克利执政时期，雅典拥有25万居民，这25万人产生的垃圾可就是倒在那些弯弯曲曲的小路上的！

★ 就像赛诺丰特记载的那样，雅典当时大约有一万户人家。绝大多数人都住在简陋的茅草屋里，连最基本的卫生设备都没有。而这些"文明"的居民用一个非常"健康"的方法来处理垃圾（包括粪便）：他们把所有垃圾装到一个叫阿米斯的罐子里，然后每天早晨把阿米斯里的垃圾倒在路中间挖的一个所谓的"小水渠"中，之后便盼着上天下一场大雨把垃圾都冲走。

这些垃圾在城市低洼的泥路上堆积数日，恶臭不堪，直到有一天政府终于意识到这些垃圾不可能凭空消失。为了解决垃圾问题，雅典政府建立了有史以来第一个真正意义上的城市卫生服务处。

伟大的哲学家亚里士多德在他的作品《雅典人的建设》中描写：10位高级执政官（执法官）负责监管社会风貌，包括城市公共卫生。他们的下属（执法员）直接组织奴隶完成具体的工作——派奴隶去城外捡拾堆在路上的垃圾。这些奴隶被称为柯普勒工，就是现代清洁工的前身。"柯普勒工"这个名字来源于"柯普勒"，在希腊语中就是"屎"的意思（你看，这个词又出现了）。从这个名字中，我们很容易就能想象出那个年代的柯普勒工拾到的最多的垃圾是什么。

亚里士多德曾评价柯普勒工："一些工作是高尚的，而另一些工作是必须的。"他的这句话让柯普勒工闻名于世，但这些工人们却并不知道谁是亚里士多德，这句话本身也不并能说服他们。设身处地地想想，工人们在铲完城里所有的臭泥后，还要推着装满垃圾的小推车争分夺秒地跑到大垃圾场。据记载，这个垃圾场距离雅典城至少有两公里。另外，他们的名字柯普勒工，本身就很难听，像一句脏话……大概只有神仙知道这些工人是怎么评价亚里士多德的。

你被大哲学家亚里士多德赞颂了！

不太干净的城邦

希腊城邦的规模不断扩大，舒适的城市生活每年都会吸引大批的农民从农村搬到城市居住。如此一来，农田逐渐荒芜，饥荒日益加剧，城市面临着退化的危机。

★ 在那篇著名的《理想国》里，伟大的哲学家柏拉图劝告希腊的政客们要控制城邦规模，以确保国家的长治久安。但对那些独裁者来说，这无异于对牛弹琴，他们对此根本不感兴趣，也不屑于听取这些理想化的建议。所以，希腊城邦并没有停止飞快扩张的步伐。

真是的，跟你聊天简直是浪费时间！

新的市民意味着新的住宅、新的茅屋，当然了，还意味着很多很多的垃圾。垃圾场已经满得装不下了，人们只能把垃圾堆放在街上或者倒进河里，甚至包括曾哺育雅典人的母亲河——艾利达诺河。

公元前5世纪，这条母亲河彻底沦为一个露天下水道。政府决定回填这条河，但是他们只回填了市中心的河段，因为市中心是神庙和富人区所在地，而平民区依然充斥着污水和臭泥。伯里克利一生简朴，尽其所能地服务人民，遗憾的是，他一手创造的黄金时代终究还是过去了。

你们别怕我……

我干的就是伯里克利的活儿！

嗞！嗞！

就连伯里克利也没能阻挡希腊城邦的衰落，垃圾问题逐渐演变成了要命的卫生问题，越来越多的传染病爆发了，他自己也死于公元前430年的雅典大瘟疫。从垃圾史的角度看，古希腊的垃圾处理是个典型案例，城邦里的社会矛盾以及从中衍生出来的卫生问题在接下来的西方历史中不断重演，从"非世界之都"[1]罗马一直到现在。

---

1 古罗马曾经被称为"世界之都"，这里作者戏谑地称之为"非世界之都"。——译者注

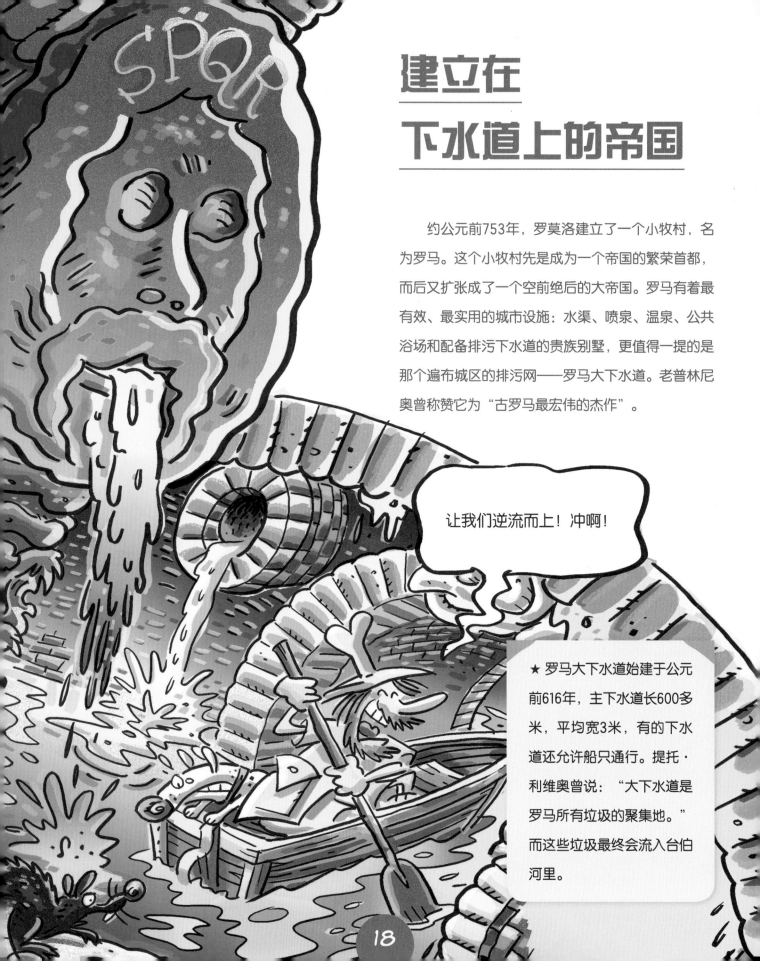

建立在下水道上的帝国

约公元前753年，罗莫洛建立了一个小牧村，名为罗马。这个小牧村先是成为一个帝国的繁荣首都，而后又扩张成了一个空前绝后的大帝国。罗马有着最有效、最实用的城市设施：水渠、喷泉、温泉、公共浴场和配备排污下水道的贵族别墅，更值得一提的是那个遍布城区的排污网——罗马大下水道。老普林尼奥曾称赞它为"古罗马最宏伟的杰作"。

让我们逆流而上！冲啊！

★ 罗马大下水道始建于公元前616年，主下水道长600多米，平均宽3米，有的下水道还允许船只通行。提托·利维奥曾说："大下水道是罗马所有垃圾的聚集地。"而这些垃圾最终会流入台伯河里。

但是，正如当年的雅典一样，只有最权贵的富人才可以享受到技术发展所带来的便利。而那些普通贵族和平民虽然支付着高昂的房租，却住得并不舒服——他们住在罗马人发明的臭名昭著的贫民公寓里，挤得像罐头里的沙丁鱼。尽管当时的法律明令禁止楼房超过6层，这些危楼还是被修建到10层。因此，火灾和倒塌事故屡见不鲜。

另外，在这些巨大的破房子里就连最基本的卫生设施也没有，人们只能用院子里的一口黑井来装各种各样的垃圾，而且很少有人会按时清理井内的垃圾。为了从垃圾中脱身，这些富有想象力的居民居然发明了一个"美妙"的方法——直接从窗户往下倒垃圾！

★ 公元1世纪，拉丁语诗人焦维纳莱在他的讽刺诗中不止一次地谴责罗马人的这种陋习。他曾写道："每个敞开的窗户都有可能要你的命！"并建议市民在走路之前立好遗嘱，尤其是在走夜路之前。其实这并不是危言耸听，罗马法院一直在处理这样的事故和纠纷。罗马法院不是一直在找各种各样的托词吗?！

随着开发商大搞房地产，罗马城逐渐成为一个帝国大都市。到公元1世纪，这里已经有150多万居民，人口密度高达每平方千米8万人，而现在罗马城每平方千米只住着几千人。比较一下，你就能大体知道当时贫民区的卫生条件了。

焦维纳莱

其实在罗马贵族中，也只有5万人可以住在那1700个豪华住宅里。这些住宅建有自来水设施，也有与大下水道的6条支道相连的垃圾场。而其他贵族、平民和奴隶只能挤在那些没有一点儿城市气息的贫民公寓里。这些公寓就像蘑菇一样乱长，中间都是又臭又窄的小路，交通堵塞成了家常便饭。因为房子太高，所以阳光根本照不进来，空气也很难流通。

从窗户落下的"垃圾雨"混合着从厕所溢出来的污流，把街道变成了一个大泥潭，过路人的凉鞋都会陷在这个恶心的泥潭里。

我们再来看看台伯河。它要吞下来自大下水道的所有垃圾，河水上涨后，骨头和有机垃圾都被冲到路上，逐渐腐烂变臭。这就是当时的卫生情况。从尤乌利斯·恺撒大帝开始，每一位罗马统治者都在想方设法地解决卫生问题。公元前49年，恺撒大帝从泥泞的高卢凯旋，他期待见到罗马的一切，除了闹得满城瘟疫的脏空气！

啊！这儿怎么比高卢还要臭！

嗒！嗒！

第十二条：谁污染谁打扫

★ 10位共和国最高执政官把垃圾问题的解决措施列入《十二铜表法》。公元前451年，《十二铜表法》被刻在古罗马市政广场上进行展示，但并没有引起人们的重视。公元前4世纪，罗马惨败于高卢，这些"铜表"也逐渐变成一堆垃圾。

罗马从来没有处理垃圾的公共服务，于是这份工作只能不定时地交给一些热心市民。他们由那些本该负责城市风貌的贪腐官员松散地管理着。实际上，无论是住宅还是商铺，每家每户都应该打扫自己门前的道路。如果有人不打扫，执法官就会组织一些散漫的市民进行有偿清理。但无论如何这都是一种低效的私人服务，不但服务质量得不到保障，还会引发邻里冲突，使得邻居之间互相鄙视，互相指责。

干得漂亮！把所有垃圾都堆到那个最脏的马西莫店门口去！

我来，我看见……厕所！[1]

尤乌利斯·恺撒是采取具体措施解决垃圾问题的第一人。他下定决心要建立一个帝国，自然也渴望建立一个整洁干净的首都！

公元前45年，恺撒颁布了《尤利乌斯自治法》。该法规定了一项类似于希腊城市卫生处的服务：一些高级执政官——城市管理官——监管公众生活的方方面面，包括城市卫生，并委派十多个低阶官员直接管理清洁工队伍。所谓清洁工，就是那些在路上拾粪的奴隶。他们在夜里把垃圾运到离得最近的大坑里，但这些大坑肯定都在城墙外。

总之，这项服务持续的时间不长，但是伟大的恺撒将军深知如何鼓舞士气，给这项工作赋予了崇高的爱国精神。

欢迎恺撒大帝！我们代表全体清洁工向您致敬！

1 恺撒大帝曾经说过一句名言："我来，我看见，我征服（Veni, vidi, vici）。"此处作者引用了这句话，但将最后的"vici"（我征服）改成了"WC"（厕所）。——译者注

★ 在那个著名的"二十三刺客谋杀案"之前，恺撒曾颁布了《埃垃柯莱阿法令》，规范城市卫生的自主管理。法令规定，如果住户或者商铺门前的路面脏乱，国家将会提供清洁服务，但是费用由国家和户主平摊。

我们来AA制！

恺撒大帝死后，他的继承人屋大维·奥古斯都承袭皇位。屋大维同样重视卫生治理。为了完善城市卫生服务，他重塑城市管理官的形象，改名为道路管理官，分配给他们保持道路整洁的具体任务。道路管理官共有4名，2名负责市中心道路，2名负责郊区道路，4名管理官直接对皇帝负责。这是一份很有前途的工作，因为任期长达十余年，有的管理官最后还自己当上国王。比如，韦斯帕夏诺大帝登基前就是卡利古拉大帝[1]的道路管理官，不过他当时没有认真工作。作为惩罚，卡利古拉大帝把他从头到脚都涂上了粪便，这些粪便都是从他本来该打扫的路上拾来的。

他就是韦斯帕夏诺！

别以为我听不见！

★ "韦斯帕夏诺"这个名字与垃圾紧密相联，尤其是那些有机垃圾。他登基后在罗马建造了整整144间公共厕所，人们用他的名字把公共厕所命名为"韦斯帕夏尼"。

小心点儿！别把我弄脏了！你一直在拉肚子！

还是想想你自己吧，一直便秘的家伙！

1 卡利古拉是屋大维的别名。——译者注

帝国的垃圾场

罗马人建设的垃圾处理的基础设施代表着人类社会的一大进步，尽管只有最富有的阶级才能享受这些设施。后来，查士丁尼大帝整理并补充了罗马的公共卫生法律，编写成著名的《学说汇纂》。这些法律是人类文明史上的典范，不断启发着后世的统治者。

但是我们仍然要记得罗马垃圾史上非常落后的一面：人们随意地处理垃圾，把垃圾扔在临时的垃圾场里，比如废弃的沟渠或是山洞里，只要不在圣地（圣地是罗马城市外围神圣的土地）就行。长此以往，垃圾越堆越高，逐渐变成了今天的埃斯奎里山。

诗人奥拉奇奥把埃斯奎里山称为"弃民之丘"，弃民是那些连脏乱的贫民公寓都住不起的人。他们在这个用各种垃圾堆成的山丘上扎营，跟恶狼和猛禽抢垃圾吃，而这些"可怜的"垃圾里还有死刑犯的尸体。山的左边还矗立着"臭神"梅菲提斯的神庙！

★ 普提克利是一些公共的垃圾坑，坑里除了垃圾，还有成吨的动物尸骨、在斗兽场遇难的角斗士尸体、基督教殉道者的遗体以及异议分子的遗骸。20世纪初叶，考古学家罗多尔夫·郎切安尼在古罗马城墙周围挖出了整整75具尸体，吓得他不敢再继续挖下去了。

中世纪的垃圾

你是不是还在想中世纪无所畏惧的骑士降伏恶龙，打败巫师，保卫人民的故事？忘了这些事情吧！实际上中世纪的民众每天最需要提防的不是恶龙，也不是巫师，而是他们自己产生的垃圾！

你还记得古代城市里完全缺失的卫生服务、成堆的垃圾和每况愈下的贫民公寓吗？好吧，到了中世纪情况更糟了，连富人都被卷进了垃圾堆！

一种特殊的垃圾最终蔓延到城市的大街小巷。对，你们已经猜出来了，还是它！

★ 但是罗马的那些基础设施最后怎么样了？水渠、大下水道、喷泉，还有城市卫生服务……我们暂时先不说那些公共卫生法律了。

屎！

快跑！ 快跑！

公元1世纪—5世纪，来自北部丛林和东欧的侵略者攻下罗马，罗马人用1000年造就的所有辉煌毁于一旦。在侵略者的眼里，这些卫生设施和罗马人的洁癖一样荒唐。

他们不明白，明明河里有很多水，为什么要再建一个"高架河"呢？粪便直接倒在地上就能堆肥，何必要倒进下水道里呢？

★ 蛮族入侵后，罗马沦为一片废墟。那个时代的见证人——米兰守护神，也就是当时米兰的主教圣·安布罗焦把这些废墟称为"城市的遗骸"。在同一片土地上，罗马在公元4世纪只有两万居民，而那些罗马人引以为傲的标志性建筑要么成了土匪和牧民的宿营地，要么成了垃圾场。你能想象出罗马斗兽场沦为一个垃圾桶时的样子吗？

从整洁的街区到肮脏的城市

从垃圾史的角度看，至少在一开始，中世纪的城市还是很整洁的：城里留下的居民少了，产生的垃圾也少了，可以使用的地方变多了；而那些逃出城的人建造了新的城区，也在自发地处理垃圾。

中世纪的村庄常常建在山丘上，以城堡或教堂为中心，是封地的一部分。封地受政府保护，可以自给自足。就像在希腊的原始城邦里一样，人们在路中间挖一条小沟，靠大雨把斜坡上的垃圾冲出城区。秀美的风光和人类的智慧相得益彰，人们改造了建筑用地和绿化用地，用粪池里的有机垃圾培育蔬菜和水果。如此一来，他们建了很多小型的"人间天堂"，保存至今。要想看一眼这些"人间天堂"，只需要去欧洲的乡下逛一逛，比如去意大利中部就可以。

生活节奏慢了下来，随之而来的是世界灭亡的谣言："一〇〇〇年后再无千年。"

但就像历史一直以来的那样，人类想要进步的欲望占了上风。随着公元1000年左右的农业改革，社会变化来得像闹钟一样准时：革新后的技术设备和工作方法以及改良后的土地提高了农田的产量，人类又进入了生长和繁衍的高速期。从蛮族入侵到1300年短短几百年间，欧洲人口就从4200万增长到7300万左右。很多农民幻想着能在大城市获得自由和福利，宁愿去城里为封建主卖命，也不肯在乡下被无法无天的资产阶级盘剥。

居民又开始挤得人挨人，有的还要住在城外临时搭起的破屋子里。建筑用地挤占绿化用地，没过多久，欧洲的城市里就只剩下高楼了。有条件的城市还会外移城墙，比如富强的佛罗伦萨在短短的200年间

已经一〇〇〇年了，我们居然还活着！

就重建了三道城墙！

由于没有城市卫生服务和有效的下水道排污系统，人口剧增所产生的大量垃圾加剧了城市卫生条件的恶化。街区和城市从空旷的"人间天堂"变成了垃圾漫溢的炼狱，而离它们变成地狱的日子也不远了[1]！

1 西方人把死后的世界从上到下分为天堂、炼狱、地狱。——译者注

宫殿和破屋子

就像古罗马一样，中世纪也有明显的贫富差距：平民被迫住在东倒西歪的木房子里，而富人却能趾高气扬地住在带有高塔的豪华宫殿里[1]。

为了住上专门为他们盖的破房子，农民、工人和雇员要向那些富有的贵族资本家交付高昂的房租。

跟这些房子相比，罗马的贫民公寓简直就是模范住宅。房子从外面看还是原来的样子，但建筑商们却投机取巧，把正立面压在一个脆弱的破楼上。这种破楼是用木头和石块堆起来的，很不安全。建筑商经常忘了安装窗户，更不用说安装卫生设施了！

1 原文为"鼻子底下有臭东西"。在意大利语中，"鼻子底下有臭东西"用来暗喻"趾高气扬"，此处是双关用法，既形容目中无人的富民，又暗示着豪华宫殿里也都是垃圾。——译者注

这所房子真漂亮，但是……里面有厕所吗？

放心吧！这后面全都是厕所！

★ 你听过"穷得跟母鸡一起睡"这句话吗？你看，中世纪的人已经习惯了跟鹅、山羊、绵羊……一起睡。如果这个人足够"幸运"的话，他还会跟牛、驴、猪一起睡，这还没有算上那些"不速之客"呢，比如老鼠、跳蚤、虱子、蟑螂和其他各种各样在他稻草铺上扎堆的脏虫子。你能想象出他晚上起夜需要多大的勇气吗？

我该把垃圾扔哪儿呢？

为了从垃圾中脱身，住在院子里的人们会在厨房窗户下挖一个洞来扔垃圾。但住在院子的人越来越少，所以大多数人会直接把垃圾扔在房间里。

在意大利，用来倒垃圾的洞叫作"我扔"，就像在回答人们平日里爱问的那个问题："我该把垃圾扔哪儿呢？"但是为了解决排便问题，人们经常会利用家与家之间的窄巷子：在两家对着的窗户中间搭上一个木板，再在木板中间挖一个洞，就像是搭了一座桥，人们踩着木板对着洞排便，等到下面的东西堆得太高

了，户主就会把巷子砌成一个名副其实的私人厕所，美其名曰"家之间"或"小巷子"。

★ 富人在城堡里模仿这个系统修建了一种"干厕所"：在凳子上凿个洞连上一条管子，把管子穿过墙，好让粪便顺着管子流到墙外去。当然，让动物坐在那个凳子上排便的确很困难，所以无论如何家里都少不了动物的大小便！

说起中世纪人们最喜欢养的动物，那肯定是猪，因为它不但可以吃各种各样的垃圾，还是杂食哺乳动物里最贪吃的。猪可以在家里或者道路上一边闲逛一边吃垃圾，不过它们有时也会闯祸。比如1131年在巴黎，胖子王路易六世的长子就是被一头猪撞下马摔死的。在一些城市里，有人甚至用皮带拴着猪走路，但农村的猪就没有这种待遇了。值得一提的是，从中世纪一直到近代末期，唯一的城市卫生服务就是猪提供的。

多美的景色呀，不是吗，先生？

★ 在中世纪欧洲所有的城市里，处理家庭生活垃圾最好的办法还是从古罗马流传下来的老办法：直接从窗户往道路上倾倒！除了那些河边的住家，因为他们可以把垃圾直接倒河里。比如，伦敦的资产阶级为了用上时兴的空中厕所，争先恐后地购买河边的房子，而这些厕所的出口就在泰晤士河正上方！

说你呢，脏猪！

噜！猪伯爵发话了！

城市里的动物好像比人还多。除了猪以外，还生活着鹅、马、牛、羊、驴、鸡等。你可以想象它们在城里走一圈儿会留下多少"纪念品"！然而，这些"纪念品"和人类的有机垃圾最后都会留在街上，根本没人会清理。

只有每天早上进城卖东西的农民不敢相信眼前的景象。粪便本来是肥田的绝佳原料，在城里居然就这样被浪费了！

于是，晚上他们用小推车把粪便运到城墙外堆肥，等到要施肥时再运到田里。

谢谢你！老兄！
嘿！嘿！

嗖！

嗖！

啊！不好了！

★ 据史料记载，城墙脚下的垃圾越堆越高，甚至在战争时期给敌军攻城提供了方便。但这仅仅是垃圾处理系统的缺失所导致的最小、最罕见的一个问题！

城市里的粪便

有机垃圾在路上，在巷子里，在河里，在整个城市里肆意蔓延。

中世纪的天气比现在热，大多数市民白天都不在家。他们喜欢随地大小便，没有人会觉得不好意思，有人还会在市政府大楼的墙根上厕所。如果不小心踩到了那个"露天下水道"，那也没有什么好奇怪的。很多城市甚至在靠近集市广场的地方有一条专门的厕所路，路上还会有一些小酒馆和地痞流氓。

★ 随处可见的有机垃圾深深困扰着法国，以至于中世纪很多城市的街道都是以垃圾命名的。恺撒大帝在位时，巴黎还被称为"卢提齐亚·巴黎索如姆"，来自拉丁语的"污垢"一词，意思是"污泥之城"。在中世纪的巴黎，你可以发现一些取名非常直接的路，比如粪便路、小粪路、大粪路、脏粪路、小便路。法国的其他城市也有很多类似的路名，比如尿路、奥尔德路（来自法语的"粪便"一词）、巴斯一菲斯路（在法语里是"蹲下屁股"的意思）。在欧洲的其他地方，直到今天我们还是可以从一些河流的名字上猜出它们在中世纪的用途，比如位于英国埃克塞特的史特布鲁克河，字面意思就是"粪溪"；还有米兰附近的尼罗内河[2]因河里发黑的污水而得名。

---

1 当时欧洲分教皇派和皇帝派，两派相互对立。——译者注
2 "尼罗内"在意大利语中是"大黑河"的意思。——译者注

恶臭之旅

除了粪便以外，城市还会产生很多有毒的垃圾。手工艺人一般都在不通风的路上或者小巷子里工作，他们工作时产生的有毒垃圾会和普通的城市垃圾混在一起流入下水道。

冒着黑烟、散发着恶臭的有毒物质会污染土壤和地下水，从而毒害各种生物。为了解决这一问题，很多城市都把不同的手工艺行业集中到特定的街道或城区里，直到今天，我们仍然能在很多中世纪古城里找到以手工艺作坊命名的道路和广场，比如铁匠街、纺织街、皮革街等。

由于每年河流都会把25万多具动物尸体冲到市中心，巴黎采取了一些十分极端的措施，比如在1366年命令所有肉铺搬到塞纳河谷。而威尼斯在1291年把所有的玻璃厂都搬到了穆拉诺岛，以避免加工玻璃时产生的有毒垃圾污染城内水道。

★ 伦敦给当时的游客提供了一段惊心动魄的"嗅觉之旅"，每个城区都奉献一场别开生面的表演。游客从肉铺区腐烂在路上的动物尸体旁经过，再到鱼市聚集的鱼山街区呼吸一下从鱼内脏里散发出的"美妙"气味，然后去闻一闻羊毛路上小绵羊和大山羊的恶臭，最后抵达满是烂菜叶的青草街。那么问题来了，伦敦著名的双层巴士是怎么来的呢？也许上面那层是为了一些鼻子敏感的乘客设计的吧！

嗯……卫生……我是在哪儿看到的这个词来着？

好像是一位希腊的哲学家吧！

一个陌生的词语——
卫生

尽管"卫生"对于中世纪人来说是个彻头彻尾的外来词（这离巴斯德发现细菌还有很长一段时间，所以，他们根本不知道什么是细菌），但是生活经验让他们意识到，喝不健康的腐坏水会让人死亡，不过并没有人知道为什么。

在中世纪，净水和污水混在一起是常有的事。日常排放的污水会渗进那些滑轮取水井、雨水蓄水池和一些还能勉强使用的水渠里，而且还有原始的垃圾黑井不断污染着地下水。人们喝水、洗衣服都要从满是垃圾的河里取水……不用多说你们也知道当时的卫生条件有多不好。

一些劝道者恶化了本就糟糕的局面，他们每天都在劝诫教徒忽视肉体，给灵魂留更多的空间……当时，人们甚至认为洗澡是一件罪恶的事情。

★ 基督教圣徒的肮脏是那个时代的标志，他们拒绝使用所有能证明人类脆弱的东西，包括水和肥皂！坎特伯雷大主教汤姆斯·贝克特就是个活生生的例子：在他充满汗臭味的僧袍下，成群结队的昆虫和蠕虫愉快地"玩耍"着！

啊……这是神圣的味道！

总之，在中世纪的欧洲，比起要遭受那些比发臭更可怕的灾难，人们宁愿少洗澡，或者干脆不洗澡！在十字军东征时期，"凶残的"萨拉迪诺士兵就把圣殿骑士叫作"臭肥羊"。有些名人一辈子都洗不了几次澡，跟他们脏臭有关的故事已经不是秘密了。比如英国和法国的一些国王，在他们的国家，洗澡可不是一件常事：13世纪，爱德华二世每个月洗一次澡的消息差点儿在伦敦引发一场暴乱！

然而，中世纪人坚信火可以用来清洁东西。他们不仅用火烧死巫师和异教徒，还用火焚烧腐烂的垃圾堆。可惜的是，从篝火到火灾只有一步之遥，常常一整个街区都会被烧成灰烬，跟着街区陪葬的还有那些像老鼠窝一样的房子和住在里面的居民。最著名的一场火灾发生于1304年，佛罗伦萨市中心在一夜间变成

了一堆废墟，靠房地产投机致富的卡瓦尔坎蒂家族所有的不动产在这次大火中毁于一旦，就像人们经常说的那样，烧得……

卫生法令

面对这种局势，政府不能再袖手旁观了。他们采取了一些办法，不过都是些权宜之计，就像把灰都藏到地毯下一样，没什么作用。

比如1185年，巴黎城区内的垃圾和污水在地上腐烂，形成了一个恶臭的黑泥潭，为了补救，国王菲利波·奥古斯都下令立刻给巴黎所有的街道铺路。但是这个命令并没有被严格地执行，直到1389年，巴黎仍然充斥着淤泥和垃圾，连一半的路也没有铺好。

1388年，英国剑桥举办了一场帝国勋爵议会。这些来自伦敦的贵族已经习惯了爱德华三世整洁的宫殿，对剑桥城里一直涌到议会大楼下的垃圾束手无策。快被恶臭熏晕的贵族赶紧出台了一条法令，规定谁污染公共土地就要交20英镑的罚款。然后他们就急忙回到了伦敦，仔仔细细地洗了个手。

38

虽然政府没能阻止人们从窗户往下倾倒垃圾，但是13世纪的法国人形成了一个好习惯：从窗户往下倒尿壶时要先喊三声"格德路！"，也就是"小心水"的意思。

后来这个好习俗传到了爱丁堡，粗犷的苏格兰人在倒垃圾时模仿法国人的样子蹩脚地喊着："格德路！"只是没人知道这句话什么意思，所以粪便还是会倒在路人头上！再后来这个习俗又慢慢传到了意大利，许多城市把这句话变成了："看着点儿！看着点儿！都看着点儿！"但是不同的地方喊的次数不一样。

★ 这些规定仅仅适用于白天的几个小时，第三声晚钟敲响后就不会有人遵守了。如此一来，每种脏东西都能在夜里找到一个自由的出入口，给城市送上一份"臭味复兴"的大礼。尽管在一些城市有卫生服务，先不说服务又少又短暂，光是每天早晨那种可怕的景象就够让人绝望了！除了在垃圾滩里玩水的猪和老鼠不这么觉得。

跳蚤瘟疫

当时的欧洲像一个快要爆炸的细菌炸弹，而引爆这个"炸弹"的"火星"正从附近的克里米亚半岛赶来。城墙外的鞑靼人用尸体当发射物，已经包围了卡法城。只有一些热那亚的船只成功地逃了出来，但是跟他们一起逃出来的还有瘟疫。

1347年，这些船在麦西拿港口靠岸，船上大多数人都死了，只有船底的老鼠活了下来。

小心老鼠！

啊！我们这儿已经有了成千上万只老鼠了！

★ 老鼠在欧洲的垃圾山上找到了理想的栖息地，这些"垃圾"鼠和正常的老鼠交配、繁殖。每只老鼠的皮上都生活着几百个带有致命细菌的跳蚤，我们今天终于知道了这种细菌的科学名称——鼠疫耶尔森菌。

★ 这些跳蚤从老鼠的身上跳到人们肮脏的身体上。被它们叮咬后，人会得一种致命的炎症，并且全身发黑。由此开始了那场差点儿毁灭了整个欧洲的传染病——淋巴腺鼠疫，它还有个更通俗的名字——黑死病。很遗憾，这并不是一部科幻电影，而是一件真实发生过的事情。

因为卫生系统的完全缺失，从1348年到1352年的短短4年时间内，整整有2500万人死于黑死病，他们几乎占欧洲人口的三分之一。开始人们并没有意识到导致疾病的真正原因，只是肤浅地认为在垃圾臭味笼罩下的城市里生活不太健康。很多人逃到郊区的田地里寻求庇护。为了呼吸到新鲜的空气，他们却不知不觉地踏进了疾病的深渊。因为导致疾病的并不是脏空气，而是与瘟疫病人的身体接触和他们那些满是跳蚤的"老鼠窝"。

医生们对这些病人束手无策，他们从一句拉丁语格言中获得了灵感："快，远，迟！"也就是"快，跑远点儿，能多晚回来就多晚回来"。

其实，这些医生才是第一批逃跑的人。他们发现了几个被感染的街区后，就立刻穿着隔离衣，戴着像

鸟喙一样的面具逃跑了。每天都有好几百人死去，连埋尸体的地方都没有了。一些专门收尸的人把在路边堆着的尸体埋到一些公用的大坑里，就像把垃圾倒在垃圾场里一样。

谁污染，谁打扫

只有经历过一场大瘟疫，中世纪的人才会着手解决垃圾问题。

在意大利，行动最严肃、最坚决的是北方的市政府。他们认为卫生直接关系到健康。威尼斯、米兰和佛罗伦萨是最早建立卫生办事处的城市。这不仅是为了缓解瘟疫的燃眉之急，更是为了从根本上防治疾病。

所有相关的法令都是受罗马法规的启发，以一个简单的标准为原则——谁污染，谁打扫。许多市政府还设立了一个类似于古罗马道路管理官的职位。比如，米兰公爵就曾任命一位负责道路、水流和堤坝的法官，任期一年。维罗纳市政府早在瘟疫爆发之前就要求市民合作负责公共场所的清洁和维护。在上任之前，最高行政官甚至要发誓维护道路整洁，并在任期内至少铺两条路。

从14世纪到15世纪，整个欧洲大地都弥漫着对卫生的狂热追求：政府任命专门负责卫生事务的官员，严厉惩罚破坏卫生的人。在巴黎，在路上随意倾倒垃圾的人会被处以枷刑，而往塞纳河里倾倒垃圾的人甚至会被处以绞刑。

　　然而很遗憾，政府并没有建立起真正意义上的城市卫生服务，而是经常依靠跟踪和告密来惩罚市民：在维琴察就有一些告密者，专门负责告发在市政府大楼里"搞污染"的人。在米兰和罗马，跟踪者可以分到一半从政府官员那里收来的罚款。与古罗马一样，这样的一个系统注定会失败，也注定会产生不公平现象，并引发社会矛盾。

　　1348年爆发的那场大瘟疫在人们的脑海里逐渐淡化，城市管理不再那么严格了，人们的卫生习惯又开始恶化。就连文艺复兴的狂热风潮也无力改变这个局面：王室贵族的艺术品与日俱增，但是欧洲城市的环境还是和中世纪一样，臭气熏天。

　　达·芬奇和艾拉姆斯·鹿特丹想象中的新兴人类虽然有着更深邃的思想，但身上还是那么臭！

近代确立了至高无上的君权：在那些外表精致宏伟的宫殿里，君主们自吹自擂，沉浸在艺术和各种美好的事物中，幻想着以此掩盖那些肮脏和丑陋的东西。

实际上，中世纪可怕的场景仍在重演：人们还是从窗户往下倾倒垃圾；遍地都是动物，包括吃垃圾的猪和乱窜的老鼠，随之而来的还有跳蚤和虱子。谁身上的虱子多，谁就得……多挠两下！别忘了屠宰场、肉铺、皮革厂和鱼市里的动物骨头、内脏和各种残骸。总之垃圾不断增多，堆在路上，烂在河里，把街道和河流变成了一个个露天下水道！

小心水！

跟中世纪一样，在近东地区和一些欧洲城市里，随地大小便是个改不掉的陋习。就像一本1660年的旅行日记里描述的那样：波斯人喜欢在沙子上挖个洞上厕所，就像现在的猫在猫砂里拉屎一样！

奥利维埃·德·塞瑞斯是最早的农学家之一，他曾经说过城市街道上的垃圾和污泥自然风干后就会变成上好的肥料。当时的人应该是误解他了，觉得他在鼓励大家往街道上倾倒垃圾，所以人们肆意破坏公共场所的卫生。比如，近代巴黎人最喜欢的厕所就是著名的杜伊勒里宫，他们就选在那些深受太阳王路易十四喜爱的紫杉树下大小便！

荷兰是唯一的例外。在那里，所有的城市街道都铺有石板，居民也感到有义务打扫家门口的卫生。沿着荷兰的街道和河流散步时，游客不用担心溅一身泥，也不用担心沾一身恶臭。当欧洲其他地方的臭气飘来时，荷兰风车难道不是用来吹走这些臭气的大风扇吗？

46

名人的鼻子

在很多作品中都描写过从17世纪到19世纪初欧洲城市的退化，正如古时候亚里斯多芬和焦维纳莱作诗讽刺脏乱的环境，近代作家斯威夫特、歌德、伏尔泰、卢梭都描写过那些狭窄拥挤、肮脏嘈杂、宛如迷宫般的街道。

18世纪，爱尔兰讽刺作家乔纳森·斯威夫特，也就是《格列佛游记》的作者，勾勒出一幅灾难般的伦敦卫生情况图。读者们甚至可以从他的描绘中闻到阵阵恶臭："肉铺扔的粪便、内脏和污血，淹死的幼仔，枯瘦的幼儿挤在一堆臭鱼中，泡在烂泥里，河面上漂浮着萝卜叶和死猫。"

1797年的巴黎，名气上稍逊于斯威夫特的作家皮埃尔·肖韦尔以同样的口吻在笔记中写道："我感到很丢脸，因为只要在这座城市里散步，就会看到下水道、垃圾堆、废墟、粉碎的玻璃瓶以及动物尸体的残骸，甚至在马路上还会遇见山羊和猪……"

让我们以著名启蒙主义哲学家卢梭那篇充满讽刺味的游记"圆满"结束这一页内容吧！他在1750年乘着一个沾满污水的马车离开了巴黎，留下了这样一句话："……永别了，污泥之城！"

不止是瘟疫

在一片污秽中，最可怕的细菌在快速地繁殖，不断渗进土壤里，污染着地下水、井水和河水。

下层群众极差的卫生环境和生活条件让他们成为传染病的最大受害者，这些传染病包括：1628年再次袭来的黑死病（就是在《约婚夫妇》里出现的那场瘟疫）、17世纪肆虐的斑疹、18世纪爆发的天花和19世纪的霍乱。绝大多数人其实就住在垃圾里，成为了垃圾的一员。

★ 尽管科学时代很快就会到来，但城市公共医疗和行政机关仍然没有做好面对传染病的准备，医生们甚至相信有机垃圾的臭味可以治病。当时流传着史上最奇怪的治疗学说，例如给患者敷粪便、在传染病肆虐的城市分发粪肥等。

★ 在伦敦，人们曾计划打开所有的黑井，用它们的恶臭来杀死瘟疫。直到19世纪的法国，仍然有人认为这个理论很可靠，因为他们发现那些住在巴黎东北部邦迪垃圾场附近的人都没有染上霍乱。

能逃就逃

为了逃离城区里致命的臭味，富裕的资本家和贵族开创了乡间别墅的新风潮。

宫廷里也发生了同样的事情，许多宫殿从首都迁到城外，只要想想凡尔赛宫就知道了。

和国王一起搬到城外的还有跟随他的贵族。如此一来，负责管理城市的只剩下当地行政机关的工作人员了，他们既没有解决传染病的办法，又没有资金支持。

最后，为了应付紧急情况，他们从早就过时的中世纪法令中找到了一些"没什么用"的措施。因为国王丝毫不愿合作，他只是沉迷在节日和宴席中；但民众却对这些措施"言听计从"，因为对民众来说垃圾是最要紧的问题。

城市卫生大比拼

直到很久以后的当代社会，欧洲的城市才逐渐获得了自治管理权，可以自主处理当地的政治事务。

近代的人们把城市托付给少数善良可靠的行政官员，希望他们能建立起最基本的城市卫生服务。但是我们先来看一下那时欧洲最重要的几座城市的具体情况吧！

米兰的掏粪车

16世纪初，米兰出现了掏粪工，也就是今天环卫工人的前身。

这个名字来源于一种特殊的推车——掏粪车。有私人黑井的人家用掏粪车运走从井里溢出来的污水。掏粪工打扫街道，收各种垃圾，再把垃圾运到城外的田地里施肥。

他们从河里，比如塞韦索河和尼罗内河，取水清理黑井。但是他们摇摇晃晃的掏粪车后面会留下一条恶臭的污流。另外，他们的服务只限于最有声望的几个街区，并不足以改变米兰从中世纪就形成的肮脏局面。

1759年，诗人朱塞佩·帕里尼在他的赞歌《空气有益健康》里把掏粪车形容为"流动厕所"。他写道："肮脏的街道里弥漫着臭气，在那些豪华的高楼间迟迟不能散去。"诗人尤其讨厌夜里从窗户往下倒的尿壶！这不难理解：虽然他是一位给民众带来光明的启蒙主义作家，但还是习惯晚上出门，在黑暗中寻找灵感……

这个时候你为什么不在家里老实待着？

啊！还是从古代人身上汲取灵感好！

不错！特别是从焦维纳莱身上！

巴黎的 "翻斗车"

太阳王路易十四是法国第一位建立城市卫生服务的国王。1666年，他颁布了一条法令，规定了垃圾回收的时间和路线以及违反者需交付的罚金。

当时，这种垃圾回收服务承包给了私人企业。这些企业用一种两轮小车——翻斗车运送垃圾。清扫垃圾时，车夫在前面拉车，清洁工在后面扫地，并把垃圾装到车里。工人每天要沿着固定路线走5圈，很耗力气，所以他们通常只能工作到下午，也就只能打扫那几条最有名的街道。

18世纪末，翻斗车每年大约能收27万立方米的垃圾。这些垃圾会被运到6个叫作道路垃圾场的回收处理中心，其中一些垃圾场只收污泥和普通垃圾，另一些只收粪便和尸体。这是历史上第一个对垃圾进行分类回收的试验。

但是，道路垃圾场散发出的恶臭引起人们越来越多的抗议。最后，人们决定把所有垃圾都集中到蒙福孔山。从此，蒙福孔山渐渐变成了第二个埃斯奎里山：在垃圾和粪便堆里，成千上万块从肉铺剔剩下的骨头和从绞刑架上取下的犯人尸体一起腐烂生臭。

罗马大扫除

罗马的官僚系统大概是最混乱的，但卫生情况还是比较好的。

17世纪初，罗马政府成立了垃圾事务处，负责向那些往台伯河里倒垃圾的市民收税。这个政策一直施行到18世纪末。

1617年，当地政府规定了垃圾运输税，设置了垃圾倾倒地点，比如大里帕码头、小里帕码头等。而市民则承包了清洁服务工作，出租运垃圾的小车，但只有管理人员才懂得如何区分可回收垃圾和不可回收垃圾。

★ 在罗马教皇国，很多墙上都镶嵌着一块石碑，上面刻着"禁止在此堆放垃圾"，然而并没有什么用……

教皇国的平民街区同样没有卫生服务。就像歌德在《意大利游记》里写的那样：平民区里，垃圾在路上堆了好几天，而收垃圾的小车只会按时经过富人区。

人们把这里的卫生工作称为"罗马大扫除"，它由一支24人组成的清洁队完成。清洁队没有节假日，平均每年要工作338天，特别是在教皇出宫巡视的那些日子里。

伦敦的 "清道夫"

19世纪初，伦敦就有很多工作人员负责回收道路垃圾，打扫黑井和河流。然而这项工作竟也是由市民发起的，政府部门只负责监管市民打扫自家门口的卫生。

人们把液体垃圾倒在路中间的 "水槽" 里，把固体垃圾交给 "耙地员"。耙地员，就是私人雇的耙地车车夫。此外，还有负责在夜里清扫黑井和厕所的夜间掏粪工。

但是，英国垃圾回收的志愿服务系统是以 "清道夫" 为核心的。他们组织垃圾回收处理工作，领取工资，再把工资分给合作者，并与合作者一起从垃圾场回收可以循环利用的材料。

但伦敦市民不肯交税来建立公共卫生服务。由于缺乏正规的管理，每天都会出现很多不文明的现象。根据当时法院的记载，政府对乱倒垃圾的禁令下达不计其数，对散漫市民的罚款也是数不胜数。

没听说过卫生不好还要交罚款的！

这里有垃圾腐烂了。

这段故事真精彩，我要记下来！

★ 好像威廉·莎士比亚的父亲也交过罚款！

下水道的将来

无论在哪里，人们都越来越相信需要下一剂猛药来一劳永逸地解决垃圾问题。是时候向粪便宣战了!

英国卫生检查局从根本问题入手，比如城市水的供应，排污系统的建设和运行，学校、医院等的疾病预防，采用更科学、更有条理的办法来解决卫生问题。

在19世纪，虽然当时还没有下水道，但是人们想出了一个解决卫生问题的办法，也就是建造卫生间。尽管在很长一段时间里，它只是在大楼和城堡里被紧紧地关着。

英国女王伊丽莎白一世的教子约翰·哈灵顿热衷于水利工程。也许是因为实在受不了女王的屎臭了，他在1596年发明了卫生壶，放在一间叫作贮水室（water closet，简称W.C.）的小房子里。卫生壶上部和水箱相连，下部和黑井相通，只要打开阀门，水箱里的水就会冲进壶里，带着粪便一起流入黑井。

新伦敦

1666年，一场大火几乎烧毁了整个伦敦。建筑师克里斯托弗·雷恩设计出一套方案，希望以更合理的方式重建这座城市。

他的设计方案受到了国王的赞同，但却遭到市民的强烈反对。最后，伦敦还是完全按照之前的样子重建的。

伦敦的重建完成后，房地产投机爆发了，每一寸可以用来建房子的土地都变得昂贵无比。很快，城市里又盖满了拥挤的小破屋，脏东西在狭窄的小巷子里疯狂扩散。潜伏在整个欧洲的霍乱病毒在伦敦找到了理想的栖息地。

但这场重建至少有一个好处：政府终于回填了市中心的泰晤士河支流。它们已经运送了几百年的垃圾和污水！

19世纪下半叶，伦敦和欧洲其他大城市一起开始了大排污网的修建工程。

这就是我们改动后的方案。

但是陛下，这样做会把伦敦变成一个垃圾箱的，跟之前一样！

是的，但至少大火给我们消了一遍毒啊！

垃圾革命

虽然距离欧洲大排水网的竣工还有100年的时间，但是近代人在与有机垃圾的持久战中已经占了上风。然而他们还没来得及享受胜利的成果，就制造了另一个永不枯竭的垃圾源头。

1769年，苏格兰工程师詹姆斯·瓦特完善了一项发明，这项发明在接下来的两个世纪里彻底改变了全人类的生活方式、生产方式和经济结构。它就是蒸汽机。

炭的燃烧可以产生源源不断的能量，带动机器运转。由此，人类第一次突破了人力和畜力的限制，用机器代替了低效的手工，生产出了大量的商品。

第一次工业革命在英国兴起，它给英国人带来的第一个好处就是产品生产成本的降低，商品的价格也随之降低，从而促进了消费，改善了人们的生活方式。

但是一个如此突然的改变势必会造成一系列意想不到的后果，这些后果在接下来的几次工业革命里越来越严重，并且逐渐扩散到美洲和欧洲的其他国家。

生态退化的预兆已经很明显了。

从工厂、轮船、火车头的烟囱里冒出的黑烟侵袭了英国大片大片的绿色田园，把树皮都染黑了；工厂往河里排放的酸性物质和有毒气体，使得河面上泛着一层白沫，咕嘟咕嘟地冒着气泡。

这才仅仅是问题的一个方面。城市人口和消费的增长将会在接下来的几个世纪里让另一个灾难性后果浮出水面，那就是成千上万的新型垃圾。幸好，近代的大多数人还保持着节俭作风。生活虽然清贫，但是很健康。

伦敦

旧世界的东西

中世纪以来，德国小城弗里堡的每家每户都有一口黑井，每口井可以装50立方米的垃圾。这种井就像是一个巨大的垃圾桶，但这些"垃圾桶"平均每10年才会"倾倒"一次。

作为经验丰富的考古学家，趁着这些工业革命前的垃圾还"有迹可循"，让我们爬进其中一口井，看看里面究竟有什么吧！就像人们常说的，脏活儿、累活儿总得有人干！

爬进去后，我们发现井里50％是人畜粪便，40% 是动植物残骸。当时，人们还不会使用那些可以产生固体垃圾的物品，所以固体垃圾少之又少。另外，在当时的农村，所有物品都被智慧的村民修修补补，循环利用。实际上，人们没有真正丢掉过任何一样物品，因为每件物品都有它的用处，再不济也可以在田里堆肥，或者用来生火。

你先请！

嗖！
嗖！

50％为人畜粪便

40%为动植物残骸

★ 剩下的10%主要是破布、旧布和烂衣服。人们学会了一个从阿拉伯地区传来的技术，把这些废品回收起来制作纸张或者新布。在意大利托斯卡纳大区的普拉托市，从中世纪以来人们就一直这么做。在有的地方，这些废品因为实在太过珍贵，以至于扔掉它们就是犯罪。在变成废品前，一件衣服可能会被好几代人穿过。比衣服更值钱的鞋子亦是如此。人们先是尽可能地修补，等到实在不能穿了就把皮革卖掉，而这些皮革可以被转手倒卖10~12次。

在这些垃圾中很难见到金属和玻璃，因为它们的回收率很高。如果有人在家里不小心打碎了一个玻璃瓶、陶瓷瓶、餐具，或是弄坏了一个金属摆件，那绝对是一件悲剧。但就算发生了这样的悲剧，人们也会把碎掉的东西和碎瓦片、碎砖头一起扔进新房子的地基里。

从古代开始就有很多这样的例子，比如罗马著名的泰斯塔乔区就是建在一个由罐子碎片堆起来的小山上，而雅典的帕特农神庙就矗立在一片叫"波斯淤地"的废墟上。之所以叫"波斯淤地"，是因为那片废墟是与薛西斯统治下的波斯王国对战后留下的。

有些有机垃圾更受人们欢迎，比如牛角和骨头。人们会把牛角挖出来做杯子和乐器，还会在一口大锅里用水和硫酸熬煮动物的骨头来提取脂肪，然后用这些脂肪制作蜡烛、劣质黄油、明胶、胶水以及油漆和鞋油的重要原料——动物黑色素。最好看的那些骨头还会被做成纽扣、念珠、门把手、扇子骨、骰子、梳子等。

★ 就连人的指甲、牙齿和头发也可以回收。在整个中世纪和近代，流动商贩和工匠们挨家挨户地收集这些宝贵的原材料，制作假发、假牙和药水，并以高价出售。据史料记载，为了换一些御寒饱腹的钱，有些农民全家都跑到城里去拔牙、剪头发、剪指甲。为了免于挨冻挨饿，他们连头发和牙齿都没有了！

咔！咔！

坐好了，老婆！等会儿我们就有钱买碗热汤喝了！

啊！这就是你出的好主意？！

近代垃圾和古代习惯

在整个19世纪和大半个20世纪里，平均每家产生的垃圾和中世纪一样多，所以垃圾变多了仅仅是因为人变多了的缘故。所幸，在近代普遍流行着一个典型的中世纪社会的习惯——垃圾的循环利用。

工业革命后，人们的购买力提高了，上层社会慢慢适应了一种不同的生活方式，开始制造更多的垃圾，而且彻底放弃了循环利用的好习惯。

城市垃圾场逐渐变成了"回收专家"的藏宝地。组织垃圾回收工作的还是之前收废品的人，不过几年后，这些人已经成了正儿八经的商人！

从17世纪开始，废品回收在欧洲就是个很常见的职业。回收工挨家挨户地收废品，在垃圾堆里翻找那些可以转卖的原材料。

由于英国和法国的政府允许回收工（回收工在英国叫ragmen，在法国叫chiffonniers）翻垃圾堆，并且把垃圾回收处理的整套服务承包给了他们。这份工作在法国和英国很受欢迎。这就是现在废品回收公司的前身。

当时可回收的布料多达400种，但破布并不是唯一的回收品。英国的清道夫们还会在垃圾堆里寻找木头、骨头、牛角、金属以及其他可以回收的东西。这份工作父传子，子传孙，代代相传，每个家族从事的"职业"都不一样。维多利亚时代大排污网竣工后，经常可以在伦敦街头看到全家钻进下水道工作的场景，这些人就是下井工。

清沟夫要比下井工幸运些，因为他们只在泰晤士河河岸清扫垃圾就可以了，不用钻进下水道里。另外还有收灰工。成吨的煤炭焚烧后剩下了大量的灰烬，收灰工就负责回收这些灰烬来做砖头或肥料。

从事这些工作意味着在很长一段时间里，家里的男女老少都要忍受非人的工作环境、冒着生病的危险。工人们几乎感染过所有的传染病，因此他们的身体对这些疾病有一定的免疫力。后来，政府把他们选出来从事城市卫生服务，这个服务从中世纪以来就一直缺人手！

★ 有些垃圾从古代开始就有人回收，比如制革店和印染店会回收尿液。在家里，人们从烧过的柴火上刮下黑灰，灰里的碱性成分是洗碗和洗衣服的绝佳帮手。煤炭普及后，人们就把烧煤剩下的灰烬倒进黑井，不仅能吸收异味，还能获得上好的肥料。

当代的垃圾

为了保持市中心的整洁，人们把有机垃圾都倒进了下水道里。但是，一种新的气体垃圾出现在城市上方。一层厚帘子似的灰烟从19世纪开始笼罩大地，直到后来我们才知道了它的名字——雾霾。英语里雾霾叫"smog"，由"smoke"（烟）和"fog"（雾）组成，这也正好解释了雾霾的成因。

大战垃圾

在分析工业化所导致的问题之前，我们先来看看，20世纪初的一些欧洲国家在与垃圾斗争的过程中经历哪些新鲜的事情。

1884年，法国政府终于下定决心要征收垃圾税，从而在所有城市建设一个有组织、高效率的城市卫生公共服务系统。

这个政策就像一声号角，宣告了翻斗车时代的到来。一个翻斗车配有两名政府工人、一名养路工、一名清洁工和一名废品回收工。工人把需要回收的废品装进车里。为了能多装点儿，他们常常用脚把车里的废品踩实。

★ 巴黎的公共卫生和垃圾回收处理服务由塞纳河行政区负责。最著名的行政区长是尤金·普贝（Eugène Poubelle），他在1883年11月24日签署了一条法令，要求巴黎每个户主都给房客提供一个用来装生活垃圾的带盖容器。

★ 带盖容器，就是用钢板包住铁或木头做成的垃圾桶。每个垃圾桶可以装40~120升垃圾。

★ 普贝甚至尝试过垃圾分类，不过没有成功。但无论如何普贝的举措都引起了很大的反响。直到今天，法国人仍然把垃圾桶称为普贝（Poubelle），跟他的味道……不，跟他的姓氏一样！

1848年，英国政府颁布了第一部《公共卫生法》，把道路清洁服务分配给了地方卫生机关，由此拉开了人类与垃圾大战的序幕。接下来，1875年，英国政府又颁布了一项法令，规定将垃圾的回收工作分配给地方政府。然而英国人还是没有改掉在家里烧垃圾的习惯，以至于政府回收最多的垃圾就是烧东西剩下的灰烬。

1936年，英国政府开始允许居民使用家用焚烧炉。当时，城市卫生服务的口号是"烧掉垃圾，减少开支"，但这个口号可能会让很多人无家可归，因为很多人在烧垃圾时把房子也给烧了！而且，烧垃圾好像并没有减少公共行政开销：虽然清洁工干的活儿少了，但是消防员干的活儿多了很多！

由于室内焚烧很容易引起火灾，再加上垃圾种类越来越多，混合焚烧后产生的有毒物质会四处扩散，1956年，政府禁止在室内焚烧垃圾。

在意大利，直到1884年最后一次霍乱爆发，垃圾这个议题才被提上日程。那时的地方卫生机关还在忙着禁止家之间的使用。你们还记得"家之间"吗？就是居民在两家之间的小巷子里挖的"茅坑"。这种"茅坑"从中世纪一直流行到近代！

1885年，在意大利只有少数城市拥有石板路，

小姐！如果你之前让清洁工打扫一下，不是会更好吗？

消防队

大多数城市中都是土路。土路一打扫就会尘土漫天，所以承包清洁服务的私人企业只能雇人在夜里打扫街道。1887年，米兰市政府雇佣了58名清洁工，开创了日间清洁服务工作，后来很多城市纷纷效仿。

分解垃圾！

到了19世纪，垃圾处理的主要工作是"分解垃圾"。为了分解垃圾，人们尝试了3种最基本的方法：农业堆肥、集中倾倒、露天焚烧。

但是结果不尽人意：过多的垃圾让土壤变得贫瘠，垃圾场的污水渗进了地下，焚烧炉污染了空气。

1830年，巴黎城区内一半的垃圾都被用于农业回收，当地的农民每天早晨都去城里把有机垃圾运到垃圾场堆肥。1859年，路易斯·巴斯德发现了细菌，他的这一发现得到了很多人的认可。人们害怕堆肥过程中产生的细菌会传播疾病，便不再使用城市垃圾堆肥了。

1892年左右，在德国汉堡爆发了一场霍乱。霍乱过后，农民担心城市垃圾可能会携带细菌，传播疾病，于是就用农叉和铲子赶走了从城市来的清洁工，阻止他们往田里倾倒垃圾。1910年，在法国一些乡村

即使到20世纪，这些麻烦也会依然存在的！

汪！汪！

还有开枪驱逐清洁工的事件发生。这是因为，随着时间的流逝，人们发现垃圾的堆肥能力越来越差。垃圾里的包装纸、报纸、玻璃和金属越来越多，而这些东西都不是堆肥的好材料。

1849年，人们发明了化肥，代替了有机肥料。尽管很多农学家立刻意识到化学肥料的质量根本比不上粪肥，但农民还是选择使用化肥。

他们跟我说，往乡村运垃圾是个清闲的工作！

这一时期，人们开始系统化地焚烧垃圾。在英国和美国，直到1950年一些大楼中还设有室内焚烧炉。这些炉子实在太危险了，所以政府在19世纪末建造了一些大型的公共焚烧炉来降低危险。

第一个公共焚烧炉于1870年诞生在英国帕丁顿。它就像个怪物，一边吞下成吨的固体垃圾，一边吐出浓密的毒烟。这些烟比工厂烟囱吐出的烟还要有害。人们把这个怪物叫作"损坏者"，因为它不仅损坏垃圾，还损害人的肺！后来经过一些完善后，公共焚烧炉传到国外。美国曼哈顿在1880年建造了第一台公共焚烧炉，法国巴黎在1893年也建了一台。

焚烧炉有两个作用，一是焚烧垃圾，二是用焚烧过程中产生的热能发电，但它们都是"生态魔鬼"，与今天控制毒气排放的垃圾焚烧炉大不相同。

当时的垃圾场也具有很强的污染力，不仅污染土地，还污染土壤和地下水。直到1920年，人们才开始在一些"人工管理垃圾场"里尝试进行卫生填埋。后来，这一技术被不断完善：人们在离地下水较远的地方挖一个大坑，铺上一层防渗透的材料，把垃圾倒进坑里后盖上一层土，以防止臭味和沼气的扩散，然后再往坑里倒垃圾，再盖一层土，把坑填满后在地面上植树、种草。

垃圾工业

第一次工业革命后，英国成千上万的农民离开农村，到城里的工厂找工作，住进了在荒郊专门为他们建造的工人公寓里。

19世纪第二次工业革命后，由人口和垃圾剧增所引发的社会问题扩散到整个西方世界。

农业危机标志着以节俭和回收利用为美德的农业文明走到了尽头。20世纪上半叶出现了一个新奇的现象，直到今天都广为流行，它就是消费主义。

出现这一现象是因为人们养成了创新的习惯，使得商品成本不断降低，价格也随之降低，从而促进了消费。

消费主义改变了人类的生活方式和思维方式。人们觉得手里拥有的一切东西都是可以被超越的，都是没有用的。这让"一次性使用"的观点站稳了脚跟，从此垃圾开始无节制地增多。更讽刺的是，生产一次性产品最常用的材料恰恰就是大自然进行了几千年的物质循环后才生成的石油，或者说是石油最心爱的"女儿"，它的衍生物——塑料。

塑料在它的一生里经历了很多次完善，从1831年发明的铝箔，到1869年的赛璐珞，再到1909年的酚醛和1938年投入生产的尼龙。虽然塑料有那么多"替身"，但组成这些"替身"的原材料是一样的。这个原材料就是从石油中提炼出的一种副产品——聚丙烯。这项加工技术是1963年诺贝尔奖获得者居里奥·纳塔的专利。

聚丙烯的加工为后来的科学发明奠定了基础，也给后来塑料"侵略"地球埋下了隐患。目前，人们已经发明了1万多种塑料。矛盾的是，塑料不可降解，是史上最难分解的垃圾，但它最主要的作用却是制作短期使用的产品！

从20世纪50年代开始，人们开始用塑料制作包装用品。从那时起，塑料的包装作用就远远超过了它的实际作用。

直到今天，商家包装商品的目的往往只是为了吸引消费者的目光。为了这么个小目的而制造那么多垃圾，真是不值得！

垃圾的世界

就像中世纪的城市被有机垃圾侵袭了一样，20世纪的城市最终也被淹没在各式各样的垃圾里。伴随着消费主义的狂潮，旧垃圾和新垃圾一起涌进了城市生活。在这些垃圾里最多的就是塑料。

从20世纪60年代到现在，很多国家的垃圾都足足增加了两倍。

1950年，巴黎平均每个垃圾桶重274千克；到2000年，这一重量达到了507千克，与欧洲平均水平一致。2007年，欧洲公共垃圾桶平均重达530千克。同年，欧盟国家的垃圾总量达到13亿吨，光是意大利就制造了1.4亿吨垃圾。

中世纪的城市苦于没有一个地方，也就是下水道来排放市民的粪便；而现代的大都市也一样：垃圾堆积如山，垃圾场和焚烧炉很快就不够用了，而且它们造价高又污染环境。为了解决这些问题，美国政府征用了很多土地来建造大型的人工管理垃圾场，连沼泽地也不放过。

美国最著名的垃圾场要数弗莱斯·基尔斯垃圾场。它原本是一片沼泽。从1948到2005年，纽约人一直把垃圾扔到这里，后来这片120平方千米的沼泽变成了一座高150米的绿色山丘，里面有整整1亿吨垃圾！

唉！

在我小时候这里还是一片沼泽呢！

好吧！没有现在这片沼泽那么臭！

★ 说起处理垃圾，美国人最喜欢的方法还是露天焚烧。第二次世界大战后，焚烧炉不断增多，到1965年已经多达289台。然而，当美国人发现焚烧炉会严重影响环境时，他们能做的只有销毁这些炉子。因为减少烟雾排放的技术还有待改进，革新这堆废铁无异于大把地烧钱！

在拉丁美洲，人们喜欢把垃圾扔到大型的露天垃圾场里。这些垃圾场无人管理，而且离城区很近，更确切地说，它们就位于拉丁美洲大都市里最贫穷的住宅区——贫民窟中间。

为生计所困的贫民只能去垃圾堆里找些能回收的东西卖了赚钱。直到今天，还有一些贫民仍然以此维生。这些人在阿根廷和巴西叫收牛皮工，在乌拉圭叫分类工，在哥伦比亚叫回收工。在拉丁美洲，贫富分化很严重。既有摩天大楼，也有比摩天大楼还高的垃圾堆，而这些工人代表着社会里最悲惨、最贫穷的一级。

世界上最大的垃圾场是位于里约热内卢郊区的雅尔多·格拉玛硕垃圾场。男女老少都在这个"垃圾城"里生活、工作。每天扔在这儿的垃圾多达7000吨，占了这座巴西大都市垃圾总量的70％。

这里发生的悲惨故事让我们不禁想起18世纪巴黎的蒙福孔山和古罗马的埃斯奎里山。但为了谋生，这些依赖垃圾堆生存的人们勤勤恳恳地工作，用尊严换来了巴西在世界垃圾回收产业中的领军地位。遗憾的是，为了这个领军地位，巴西牺牲了很多的人力，也付出了非常严重的环境代价。

欧洲的垃圾循环

旧大陆[1]的情况没有那么骇人听闻，但也存在很多问题和矛盾。直到几年前，人们解决垃圾问题的方法仍不合理：垃圾场还是露天的，燃烧的焚烧炉还在污染环境，针对垃圾问题的防治措施根本不存在，人们也没有循环利用的习惯。

20世纪80年代，无数条丑闻曝光了东欧危险废品的非法转移。米兰落后的垃圾处理系统在1995年引发了第一场真正意义上的危机：一个垃圾场的关闭妨碍了整个城市的运转，在这座"垃圾之城"引发了紧急的卫生问题。这些场景几年后在那不勒斯又上演了一次。

是时候进行一场改革了！1996年，欧盟颁布了一条法律，提出了"大战垃圾"的几个关键点，其中最

主要的就是防治垃圾问题。政府鼓励民众养成少扔垃圾的生活习惯和生活方式，鼓励可降解材料的研发和使用，促进产品的多次利用和回收品的循环利用，限制垃圾的焚烧和集中堆积，以推行更环保的垃圾处理方案。

欧盟的这一举动促进了废品回收模范公司的发展。这些公司在各个城市里按照欧洲的共同标准，用科学的系统和先进的工具管理每家每户的垃圾分类，甚至能记录每人可循环的垃圾量。直到今天，他们仍在倡导以循环和回收为主流的生活理念和社会文化。

---

1 用大陆，指欧洲。——译者注

在意大利，垃圾分类不是强制的。直到现在，有些人对于垃圾分类仍然没有一个明确的概念。但意大利的垃圾分类已经有了很大的进步，每年都有很多小城市的分类普及率超过60%，它们也会因此获得"先进循环城市"的荣誉称号。

这是一个信号，告诉我们欧洲的模范公司倡导的理念是正确的，鼓励居民用智慧和意志防治垃圾问题是正确的。很多地方分公司还投资了教育项目，让年轻人从小就意识到，任何一个人都可以，也都应该书写垃圾的历史。

面临选择

个别人的懒惰可能影响并不大，但如果大家都懒散，那离世界变成一个大垃圾场的日子就不远了。

无所谓的态度和不自觉的习惯是我们这个时代的两大威胁。有人经常说："我身边没有垃圾桶，把一个塑料瓶扔在地上又不会让天塌下来！"但是，如果每天都有数十亿人这么做呢？垃圾就很有可能，不，就一定会覆盖地球，把地球变成一个无法居住的臭垃圾场。

更有一些"罪人"政客，为了达到政治目的，答应我们会运走成山的垃圾，包括半旧的废弃物、色彩斑斓的包装纸、放射性残渣等，总之"垃圾山"里有什么就运走什么。运走后怎么处理呢？他们不知道

该怎么选了：把垃圾倒进海里、埋在地下、扔到太空里，还是运到第三世界去换点儿钱？不管怎么选，只要把垃圾运出那些西方强国的城墙就行。这一点和古代时一模一样。

人们都希望世界变得更美好、更适宜居住。事到如今，只有把这种希望与理智相结合，才能救人类于水火之中。我们用了将近两千年的时间才让大半个世界的人远离垃圾堆所引发的健康问题。而近几十年来，无节制的消费主义一直困扰着我们。好在我们现在能隐约看到一些消费热潮缓和的迹象了。

现在全世界都流行着一种更加环保的生活方式：用可循环材料制作商品，尽可能地减少包装的使用，节约能源，减少浪费；超市里开始零售产品，把散装的食物、散装的清洁剂卖给千家万户；我们学着爷爷奶奶的样子，带着购物袋去买东西。这就是循环利用，它是传统回收理念的进步，与一次性使用正好相反。

当然了，垃圾永远都不会消失，但人们已经开始意识到垃圾也是一种珍贵的资源，不应该被浪费。我们可以让垃圾再次发挥价值，比如可以把它们放在花园里堆肥。

轮到我们来决定地球未来的样子了！

从日常生活中的小选择做起：比如要消费多少，

又比如是把买回来的东西扔进垃圾桶，还是在买东西之前想清楚到底该不该买。总之我们的角色很重要。尽管时间很宝贵，但我们还是要花上一点儿时间，也

不用太久，来想清楚如何解决垃圾问题，不然的话我们就要眼睁睁地看着亲爱的地球母亲变成一个"过期产品"了！

词汇表

图书在版编目（CIP）数据

垃圾历史书 / (意) 麦克·马瑟里著；王金霄，文
铮译. --北京：北京联合出版公司, 2018.1
（疯狂的垃圾）
ISBN 978-7-5596-1285-4

Ⅰ.①垃… Ⅱ.①麦… ②王… ③文… Ⅲ.①垃圾处
理-历史-少儿读物 Ⅳ.①X705-49

中国版本图书馆CIP数据核字（2017）第285855号

I thank you Maurizio Malé, Science Editor from 'Il Messaggero dei ragazzi' for the cooperation in researches.

This book has been realized thanks to the cooperation of:

padova**tre**
www.pdtre.it
Original title: Storia dell'immondizia. Dagli avanzi di mammut alla plastica riciclabile

Texts and illustrations by Mirco Maselli
History revision by Enrico Di Giacomo
Cover and redesign by Studio Link (www.studio-link.it)

Texts: © 2012 Padova Territorio Rifiuti Ecologia Srl
© 2012 Editoriale Scienza Srl, Firenze-Trieste
www.editorialescienza.it
www.giunti.it
The simplified Chinese edition is published by arrangement with Niu Niu Culture.

北京市版权局著作权合同登记号 图字：01-2017-7632号

垃圾历史书

著　　者：[意] 麦克·马瑟里
译　　者：王金霄　文　铮
总 策 划：陈沂欢
策划编辑：乔　琦
特约编辑：夏　雪
责任编辑：李　征
营销编辑：李　苗
装帧设计：杨　慧
制　　版：北京美光设计制版有限公司

北京联合出版公司出版
（北京市西城区德外大街83号楼9层　100088）
北京联合天畅发行公司发行
北京中科印刷有限公司印刷　新华书店经销
字数：130千字　889毫米×1194毫米　1/16　印张：5.5
2018年1月第1版　2018年1月第1次印刷
ISBN 978-7-5596-1285-4
定价：68.00元